Lisbet Braren-Weinrich

Aquarell malerei

Band 3 / Wasser

Frech-Verlag Stuttgart

Auf die Materialien, die Sie für die Aquarellmalerei brauchen, möchte ich hier nur ganz kurz eingehen.
In meinem ersten Buch AQUARELL-MALEREI – Einführungskurs, habe ich dieses Thema sehr ausführlich behandelt.

Farben

Rechts finden Sie eine Zusammenstellung der Farben, die ich Ihnen zum Aquarellieren von Wassermotiven empfehle. Die Palette bewegt sich – anders als bei meinem Buch, AQUARELLMALEREI – Blumen, Blüten, Blätter, eher in Grün- und Blautönen.

Neu gestaltete Auflage von TOPP 1223.
Herausgeberin: Ingeborg Ahrenkiel
Fotos: frechverlag GmbH, 70499 Stuttgart; Birgitt Gutermuth

Auflage:	5.	4.	3.	2.	1.	Letzte Zahlen
Jahr:	2006	2005	2004	2003	2002	maßgebend

ISBN 3-7724-2972-6 · Best.-Nr. 2972

frechverlag GmbH, 70499 Stuttgart
Druck: frechdruck GmbH, 70499 Stuttgart

Vorwort

Wasser ist ein faszinierendes Element. Physikalische Einflüsse, jahreszeitlich oder auch witterungsbedingt, treffen zusammen und vermitteln vielfältige Stimmungen. Beeinflußt durch die Beschaffenheit des Untergrundes, die Einwirkung von Licht und Sonne, die Reflexion der Wolken, der Himmelsfarbe, die biologische Zusammensetzung… entstehen ständig wechselnde Bilder. Aber auch durch die Beweglichkeit: Ob ein Stein, den man ins Wasser wirft, Kreise zieht, Regentropfen eine stehende Wasserfläche beleben, sich eine spiegelnde Baumgruppe durch eine leise Brise verzerrt, die Wogen und Wellen im ruhigen und stürmischen Auf und Ab neue Formen bilden – immer wieder entsteht ein anderer Eindruck.

Mit diesem Buch möchte ich Sie für die Darstellung von Wasser in seiner Vielfältigkeit begeistern und Ihnen Hilfen und Wege zur Umsetzung in Malerei an die Hand geben. Sie werden bald zu guten Ergebnissen führen – auch wenn Sie noch nicht so erfahren sind in der Aquarellmalerei.

Lisbet Braren-Weinrich

Farben, Pinsel, Papier

Auf die Materialien, die Sie für die Aquarellmalerei brauchen, möchte ich hier nur ganz kurz eingehen.
In meinem ersten Buch, TOPP 1061, AQUARELLMALEREI – Einführungskurs, habe ich dieses Thema sehr ausführlich behandelt.

Farben

Rechts finden Sie eine Zusammenstellung der Farben, die ich Ihnen zum Aquarellieren von Wassermotiven empfehle. Die Palette bewegt sich – anders als bei meinem Buch, AQUARELLMALEREI – Blumen, TOPP 1162 – eher in Grün- und Blautönen.

Was die Farbnäpfe betrifft, so sollten Sie besser mit den großen arbeiten, denn je größer die Oberfläche, desto leichter kann man daraus mit wenig Wasser Farbe aufnehmen. Hinzu kommt, daß die größeren Farbnäpfe im Verhältnis preiswerter sind als die kleineren.

Von Tubenfarben rate ich Ihnen zunächst ab. Wenn man in der Dosierung noch nicht so geübt ist, wird die Farbfläche leicht stumpf und der aquarelle Charakter geht verloren.

Weiß wird in der Aquarellmalerei kaum eingesetzt, dafür bezieht man die Grundfarbe des Aquarellpapiers in die Bildgestaltung ein. Die Farben werden vielmehr nur mit Wasser – aber auch mit dem Lappen oder dem Papiertaschentuch – aufgehellt.

Zum Überdecken oder Korrigieren eignet sich Neapelgelb-Rötlich als Farbe oder in der Mischung mit anderen Farben, denn es enthält Deckweiß.

Auch mit Schwarz wird wenig gearbeitet, denn zu harte Farbkontraste nehmen dem Aquarell die Leichtigkeit. Eine harmonische, schwarz-ähnliche Farbmischung erreichen Sie mit den Farben Blau, Braun, Rot (oder Orange) und Grün. Ein anderer Ersatz für Schwarz ist Paynesgrau.

Malkasten

Vorzuziehen ist ein Aquarellkasten mit aufklappbarer Mischpalette aus Metall. Bevor Sie aber auf der neuen Palette mischen, muß sie mit Seifenwasser entfettet werden.

Papier

Aquarellpapier gibt es in den verschiedensten Qualitäten, Stärken, Formaten und Oberflächenstrukturen. Es kann rauh, glatt, gehämmert oder gekörnt sein. Die Oberflächenstruktur hat ihren besonderen Einfluß auf den Verlauf der Farbe, auf Leuchtkraft und Farbsättigung.

Das Papier sollte weiß sein, denn der weiße Grundton wird in die Bildkomposition einbezogen.

Die Aquarelle, die Sie in diesem Buch finden, wurden hauptsächlich auf Bütten- und Torchonpapier gemalt.

Die Farbpalette, die ich Ihnen für das Malen von Wassermotiven empfehle

Coelinblau

Kobaltblau

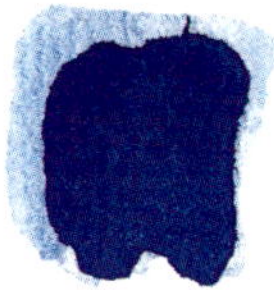
Ultramarinblau

Preußischblau

Indigo

Paynesgrau

Chromoxidgrün stumpf

Maigrün

Lichter Ocker

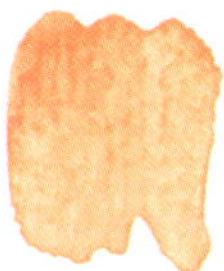
Neapelgelb-Rötlich

Kadmiumgelb Zitron

Echtgelb dunkel

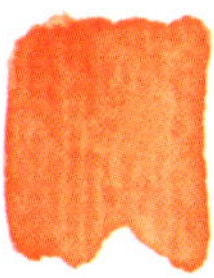
Kadmiumorange dunkel

Kadmiumrot hell

Krapplack dunkel

Karminrot

Echtviolett

Englischrot hell

Umbra gebrannt

Kassler Braun

Pinsel

Mit zwei bis drei Pinseln können Sie so ziemlich alles malen.
Zum Vorzeichnen, aber auch für die Kleinarbeit eignet sich der Haarpinsel Nr. 6 (Rundpinsel). Sie sollten sich aber auch einen Marderhaarpinsel leisten. Marderhaarpinsel haben die Eigenschaft, viel flüssige Farbe aufzunehmen und sie in kontrollierbarer Menge wieder abzugeben. Sie nehmen überschüssige Farbe vom Papier aber auch gut wieder auf.
Für größere Farbflächen brauchen Sie einen dickeren Haarpinsel (Rundpinsel Nr. 12).
Einen flachen Haarpinsel – das kann auch ein Fehhaarpinsel sein – sollten Sie zum Anlegen großer Flächen haben. Es kann aber auch ein weicher, kurzhaariger Borstenpinsel sein, etwa 3 cm breit.

Was Sie sonst noch brauchen

- zwei Gläser (ein größeres zum Auswaschen der Pinsel, ein kleineres zum Malen);

- einen kleinen Naturschwamm, um Vorder- oder Hintergründe zu gestalten, aber auch um das Papier anzufeuchten und zum schnellen Wegwischen ungewollter Farbverläufe (Kunststoffschwämme eignen sich dafür nicht);

- einen Lappen, am besten Leinen oder nichtfuselnde Baumwolle zum Aufhellen von Farbflächen, zum Säubern und Trockentupfen von Pinseln (es können auch Papiertaschentücher sein);
- ein Messer zum Abtrennen der einzelnen Blockblätter oder – wenn Sie mit losen Aquarellblättern arbeiten – Krepp-Klebeband und eine Papp-Unterlage;

- einen Bleistift, am besten HB, und einen ganz weichen Radiergummi.

Übrigens: Viel besser als eine Vorzeichnung mit Bleistift ist das Vorzeichnen mit dem Pinsel. Deuten Sie mit einer hellen, sehr wässrigen Farbe dünn die Konturen an. Sie lassen sich später sehr gut in das Bild einarbeiten.

Wenn Sie in der Natur aquarellieren, brauchen Sie:

- eine Bastmatte, in die Sie die Pinsel einrollen können. Sie stecken in Gummibandhalterungen und sind somit sicher vor Stauchungen;
- zwei Gläser mit Schraubverschluß;
- eine verschließbare Flasche, um Wasser zu transportieren;
- einen leichten Klappstuhl (denn nicht immer steht ein Baumstumpf oder eine Bank dort, wo Sie malen wollen).

Ein paar allgemeine Tips bevor Sie beginnen

Nehmen Sie die Farben mit dem Pinsel möglichst flach aus den Näpfen auf und säubern Sie sie nach dem Malen mit Pinsel oder Lappen. So vermeiden Sie Farbringe, die Ihre Farben schnell unbrauchbar machen.

Mischen Sie nicht in den Farbnäpfen, sondern auf der Palette.

Dosieren Sie das Wasser so, daß sich keine Pfützen auf dem Papier bilden.

Vor dem Aufnehmen neuer Farbe müssen die Pinsel im größeren Glas immer wieder aufs neue gut gesäubert werden.

Waschen Sie die Pinsel nach dem Malen gut aus, klopfen Sie überschüssiges Wasser am Glasrand aus und bringen die Spitzen wieder in Form.

Hängen Sie Aquarelle nur an trockene Wände, denn schon bei geringer Raumfeuchtigkeit werden sie leicht wellig.

Ein paar Tips zur Maltechnik

In meinem ersten Buch AQUARELL-MALEREI habe ich Sie sehr ausführlich zu Übungen mit Pinsel und Farbe angeregt, mit denen Sie durch das Experiment Gefühl für den Umgang mit Wasser und Farbe erhalten sollten. Hier jedoch, falls Sie sich noch nicht eingehend damit befaßt haben, ein paar Grundregeln:

Auf feuchtem Papier verläuft die Farbe gleichmäßig.
Auf nicht angefeuchteter Fläche wellt sich das Papier stark, es ist schwerer zu gestalten. Daher mein Ratschlag: Feuchten Sie das Papier immer erst leicht an, bevor Sie malen, und lassen den feuchten „Überzug" etwas antrocknen.

Je trockener die Papieroberfläche, desto geplanter ist das Malen. Die oftmals so effektvollen Zufälligkeiten, wie sie z.B. die Naß-in-Naß-Malerei bietet (siehe Seite 8/9), sind dabei nahezu ausgeschlossen.

Mehrere Farbschichten übereinander aufgetragen mindern die Leuchtkraft der Farben (lasierende Technik, siehe auch Aquarell auf Seite 11-13).

1. Mischen auf dem Papier

Technik: Naß in Naß
Papierqualität: Bütten

Feuchten Sie das Aquarellpapier gleichmäßig an, es darf jedoch nicht zu naß sein.

Legen Sie eine helle Farbfläche sehr wässrig mit breitem Pinsel an.
Ziehen Sie mit dem Rundpinsel Nr. 12 mit satterer Farbe ein paar flotte Striche quer über die nasse Farbfläche.
Beobachten Sie die Reaktion der Farben.

Mit dieser Technik können Sie Wasser und Himmel in vielfältiger Weise gestalten.

2. Effekte

Technik: Naß in Naß
Papierqualität: Bütten

Feuchten Sie das Aquarellpapier gleichmäßig an, es darf jedoch nicht zu naß sein.
Legen Sie einen satten, breiten, dunklen Farbstreifen an (hier ist es Vandyckbraun). Legen Sie mit einem sauberen Pinsel mit knappem Abstand eine zweite Fläche in eine Kontrastfarbe darüber an (hier ist es Pariserblau). Beide Farben sollen sich nicht berühren.
Waschen Sie den Pinsel aus, nehmen etwas frisches Wasser auf und ziehen mit dem Pinsel einen Wasserstrich zwischen den beiden Farbflächen. Das Wasser verbindet die beiden noch feuchten Farbflächen miteinander, es entsteht diese lichte, effektvolle Kontur.

Zum Aquarell:

„Ein Wetter kommt", 1983
38 × 52 cm, auf Bütten
Technik: Naß in Naß

Mit Rubble-Krepp wurden die weißen Flächen auf dem trockenen Papier vorher abgedeckt (s. Seite 19), Wasser und Himmel Naß in Naß dargestellt, anschließend die Helligkeiten mit einem Papiertaschentuch getupft.

„Abendstimmung im Süden", 1984
41 × 45 cm, auf Torchon
Technik: Naß in Naß

Sonnenuntergang

Technik: Lasierend
Papierqualität: Bütten

Das Papier mit dem Naturschwamm befeuchten, die feuchte Fläche antrocknen lassen.
Lichter Ocker wäßrig über das ganze Blatt ziehen.
Mit wäßrigem Ultramarinblau und Lichter Ocker den oberen Bildteil streifig anlegen.
Einen braunen Strich (Horizontlinie) ziehen. Einen runden Gegenstand auflegen (Fläche für die Sonne) und ihn mit einer wäßrigen Orange- oder Ockermischung umranden.

Über die braune Linie mit Kadmiumrot eine Tiefe setzen und im oberen Bildbereich mit Ultramarinblau feuchte Streifen einfließen lassen, die sich mit dem noch feuchten Ockeruntergrund vermischen.
Mit Englischrot, Lichter Ocker und etwas Orange die warmen Töne streifenartig setzen und nach unten etwas heller werden lassen, dabei den Platz für den fallenden Sonnenreflex frei stehen lassen.
(Bei Reflexbildern muß das Umfeld – damit ist die Fläche um den Reflex gemeint – kontrastreich angelegt werden.)

Mit starkem Ultramarinblau und Englischrot die Baumreihe ungleichmäßig auftragen. Damit die Fläche lebendig und belebt wird, gehe ich anschließend noch einmal mit der gleichen Farbmischung feucht in die angetrocknete Farbe. Ultramarinblau wäßrig unter die Baumreihe im Streifen setzen.

Mit einer Mischung aus Ultramarinblau und einem Hauch Echtviolett wird die blaue Farbgebung auf dem Wasser streifenartig leicht schräg – also nicht parallel zum Horizont – gesetzt, das gibt dem Bild Spannung.
Mit einer Mischung aus Englischrot und Orange wird die Bildtiefe im Mittelgrund herausgearbeitet und dabei wiederum die Fläche für den Sonnenreflex weiß belassen.

Mit wenig flüssigem Ultramarinblau den Vordergrund streifig anlegen. Wenn Ihnen jetzt der Glanz der Sonne auf dem Wasser als Fläche zu kurz erscheint, verlängern Sie ihn durch Tupfen mit einem feuchten Lappen oder mit einem Papiertaschentuch. Sie können die Fläche auch mit dem wäßrigen Pinsel aufhellen.
Mit einer Mischung aus Ultramarinblau und Echtviolett wird der untere Bildbereich belebt.

Der Sonnenreflex – das Papierweiß – muß nun in das Bild harmonisch eingearbeitet werden. Es wird zum einen etwas verschmälert mit der Englischrotmischung, dann mit Zitronengelb und Orange belebt. Wenn die Farbfläche für den Himmel trocken geworden ist, legen Sie noch einmal den runden Gegenstand auf und gehen mit Orange und Englischrot über die Farbfläche.
Anschließend eine dünne Krapprot-Schicht über die Baumflächen lasierend auftragen und auf diese Weise die strahlende Farbe brechen.
Helligkeiten auf der Wasseroberfläche können Sie auch mit dem Messer oder Skalpell herauskratzen.
Arbeiten Sie grundsätzlich bei Sonnenuntergängen/Sonnenaufgängen mit gedeckten, gebrochenen, etwas schmutzigeren Farbmischungen.

„Diesiger Morgen“, 1983
36 × 48 cm, Papierqualität: Korn A
Technik: Naß in Naß

Die Dry-Brush-Technik

Mit einem 250-g-Torchonpapier und der Dry-Brush-Technik läßt sich ganz besonders leicht das Glitzern der Sonne auf dem Meer darstellen.
Man streicht ganz wenig Farbe mit dem Flachpinsel so trocken auf, daß die erhabenen Poren des groben Papiers nur wenig bedeckt werden und die tiefer liegenden weiß bleiben. Das Papier muß für diese Technik trocken sein.

Vorübung

Papierqualität: Torchon

Streichen Sie ganz wenig Farbe mit dem Flachpinsel so trocken auf, daß Sie an geplanten Stellen die erhabenen Poren des groben Papiers knapp bedecken und die tiefer liegenden weiß bleiben.

Abendstimmung am Meer

Diese Abendstimmung könnte ebenso aber auch eine frühe Morgenstimmung sein.

Papierqualität: Torchon

Neapelgelb-Rötlich flüssig im oberen Bildbereich auftragen.
Mit einer Mischung aus Echtviolett, Paynesgrau und etwas Orange die Wolken „einfließen" lassen.

Drei Farbmischungen in der Palette vorbereiten:
Maigrün, Coelin- und Ultramarinblau (für den hellen Farbton);

Ultramarinblau, Chromoxidgrün stumpf und Preußischblau (für den mittleren Farbton);
Ultramarinblau und Indigo (für den dunkleren Farbton).

Mit dem hellen Farbton und mit dickem Pinsel trocken die Seiten und das untere Bildfeld anlegen.
Wie Sie den Pinsel dazu am besten halten, sehen Sie auf der Abbildung rechts.

Mit dem mittleren Farbton lasierend eine Schicht darübersetzen – aber immer wieder so, daß Papierweiß freibleibt, ebenso im unteren linken Bildbereich.

Weiterarbeiten mit den drei Farbmischungen, um Stück für Stück durch Überschichtung eine Bildtiefe zu erreichen.

Im linken vorderen Bildbereich mit Lichter Ocker den Sandstrand anlegen. Mit Englischrot und Indigo leuchtender verstärken. Für die Felsen auf die Lichter-Ocker-Flächen eine Mischung aus Indigo, Umbra und Englischrot auftragen.
Mit dem Lappen Strukturen eindrücken. Diese Strukturen mit dem feinen Pinsel herausarbeiten, dazu die Braunmischung aus der Palette mit etwas Indigo verändern.
Die weiße Glanzfläche ist noch zu vordergründig. Solche und andere Gestaltungsmängel stellt man am besten fest, wenn man ein Bild in den einzelnen Stadien vor dem Spiegel – also mit Abstand – betrachtet.

Aus einer Mischung von Ocker, Indigo und Grün zu stark hervortretende Helligkeiten etwas abdecken, um somit eine Bildharmonie zu erreichen.

Rubble-Krepp-Technik

Da gibt es in der Aquarellmalerei ein paar Hilfen, manche nennen sie auch Tricks, mit denen man zum einen bequemer arbeiten kann, zum anderen aber auch überraschende Effekte erreicht.
Bequemer arbeiten läßt es sich in manchen Fällen mit der Rubble-Krepp-Technik, die ebenso wie der Einsatz von Wachs, siehe Seite 22, zu den Abdecktechniken zählt.

Rubble-Krepp ist eine gummiartige Masse. Damit werden die Stellen eingestrichen, die später weiß bleiben sollen oder erst anschließend mit Farbe gestaltet werden. Über die Gummimasse können Sie unbekümmert malen, anschließend die Gummilösung abrubbeln und fertig. (Beachten Sie aber die Gebrauchsanleitungen der Hersteller!) Benutzen Sie für die Rubble-Krepp-Masse einen einfachen, wertlosen Pinsel oder eine alte Feder, denn die Gummilösung läßt sich nur schwer wieder von den Borsten lösen.

Stilles Wasser in Sardinien

Technik: Usspartechnik mit Rubble-Krepp und Mischen auf dem Papier
Papierqualität: Bütten

Die italienische Stimmung wird hier durch die Auswahl leuchtender, freundlicher Farben erreicht.

Die Flächen rechts und links des Wassers mit Rubble-Krepp zeichnen. Sie grenzen die Wasserfläche ab und man kann anschließend unbekümmert, ganz locker und ohne Einengung weitermalen.

In den Palettenfeldern einzelne Farbvorräte anrühren und damit die Flächen für Himmel und Wasser in flüssigen, ineinanderlaufenden Streifen anlegen:
Neapelgelb-Rötlich,
Ultramarinblau,
Coelinblau mit Maigrün gemischt und
Preußischblau (für den Übergang).

Die Fläche des Himmels mit dem feuchten Naturschwamm leicht aufhellen.
Gut trocknen lassen, die Gummischicht abrubbeln, dann erscheint der weiße Papieruntergrund. Mit Echtviolett in Hell- und Dunkelabtönungen die Pflanze Bougainvillea darstellen, mit Chromoxidgrün stumpf und etwas Preußischblau das Blattwerk.

Wachstechnik

Wachs stößt Wasser ab, und es ist daher eine gute Möglichkeit, ähnlich wie bei der Rubble-Krepp-Technik, Flächen auszusparen, d.h. sie von vornherein weiß zu planen.
Bei der Rubble-Krepp-Technik kann man die weiß belassenen Flächen farblich weitergestalten, denn wenn die Gummimasse abgelöst wird, bleibt das Papier darunter unbeeinflußt. Anders ist es bei der Wachstechnik. Papierflächen, die Sie einmal mit Wachs bestrichen haben, nehmen kaum noch Farbe an. Das bedeutet, Sie müssen gut planen. Dafür bietet die Wachstechnik aber die Möglichkeit, z.B. das Sprudeln von Wasser oder auch schäumende Wogen realistisch und wirkungsvoll darzustellen.
Wenn Sie bei der Wachstechnik mit Bleistift vorzeichnen, dürfen Sie Bleistiftstrich und Wachs nicht miteinander in Verbindung bringen, denn es schmiert.

Wellenreflexe auf dem Wassergrund

Technik: Wachs
Papierqualität: Torchon

Mit einer Bienenwachskerze die kreisförmigen Gebilde zeichnen. Coelin und Maigrün wässrig auftragen, dann Paynesgrau mit Englischrot in die wäßrige Farbe einlaufen lassen.

zur Seite 23:
Je dunkler das Umfeld, desto stärker treten die Reflexe (Kringel) hervor.
Mit einer Mischung aus Ocker und Englischrot die Steine andeuten. Mit schrägen Strichen (Indigo und Kassler Braun) die Wellenschatten darüberziehen.

Korrekturtechnik

Mit dem spitzen Messer, mit einem Skalpell oder mit einer Rasierklinge können Sie eine solche Reflexwirkung auch noch nachträglich ausarbeiten oder ausgewählte Stellen stärker hervorheben. Voraussetzung dafür ist eine gut getrocknete Farbe. Auf diese Weise können Sie gezielter arbeiten als mit der Wachstechnik.

Im rechten Bildteil wurde die zuvor beschriebene Wachstechnik angewandt. Mit einem Lappen oder aber auch mit zerknüllter Plastikfolie können Sie in die frisch aufgetragene Farbe Konturen drükken und z.B. wie hier die Felsen mit Strukturen beleben.

Bachlauf

Technik: Wachs
Papierqualität: Bütten

Bei diesem Motiv habe ich mich von einem Foto (siehe unten) anregen lassen.

Mit wässrigem Ocker den Bachlauf eingrenzen und die Steine skizzieren. Mit der Wachskerze den Verlauf des Wassers zeichnen. Mit dieser Vorzeichnung legen Sie den Bachlauf fest, er ist nicht mehr korrigierbar.
Aus Ultramarinblau, Ocker und Chromoxidgrün stumpf einen warmen Grünton mischen und damit die Wachsvorzeichnung übermalen. Das Wachs stößt die Farbe ab, und es entsteht ein sprudelnder Effekt. Das Weiß bleibt lebendig stehen.

Einen Teil der Felsen mutig mit einer Mischung aus Indigo, Englischrot und Dunkelorange überziehen. Mit dem Lappen (es kann auch zerknüllte Plastikfolie sein) auf die frische Farbe tupfen, so daß Struktur entsteht.

Die Wassertiefen mit einer Mischung aus Preußischblau und Lichter Ocker darstellen.

Mit Chromoxidgrün stumpf das hintere Buschwerk mit dem Schwamm tupfen, dann die Dunkelheiten mit Indigo und Chromoxidgrün stumpf mit dem Pinsel herausarbeiten.
Mit Umbra, Paynesgrau, Indigo und etwas Violett die Schatten in den Felsen hervorheben. Die Grünflächen am Wasserrand mit Maigrün und Chromoxidgrün stumpf anlegen.

Woge

Technik: Wachs, Papierqualität: Torchon

Maigrün und etwas Coelinblau auf dem Papier mischen und damit den Umbruch der Woge andeuten.
Mit der Wachskerze die Stellen für die schäumenden Kronen einzeichnen. Überlegen Sie jedoch vorher, wie sie verlaufen sollen; am besten, Sie machen eine Skizze, denn den Wachsauftrag sehen Sie anschließend nicht mehr auf dem Papier.
Den Sandstrand mit Lichter Ocker andeuten.

Anschließend ganz sanft mit wäßrig dünner Farbe über das Papier gehen und sich vorsichtig an die Wachsflächen „herantasten".
Mit Chromoxidgrün stumpf, etwas Indigo und Coelinblau die Dunkelheiten in den Schaumkronen einzeichnen und damit das blaue Wasser verdunkeln bzw. die Tiefen setzen.

Mit Wachs können Sie auch bereits grundierte Flächen zart bestreichen und weitere Farbschichten darübersetzen. Die perlende Wirkung ist dann ebenso gegeben, der Untergrund wirkt aber etwas dezenter.

Mit Coelinblau und etwas Maigrün die helle Wachsfläche beleben, indem man die Farbe mit dynamischen Pinselstrichen nach unten zieht.

Ocker mit etwas von dem Grünrest mischen und damit die Strandfläche verstärken.
Mit Indigo und etwas Chromoxidgrün stumpf die Wellenbewegung vertiefen (Dynamik), auf diese Weise wird auch die Wassertiefe herausgearbeitet.

Mit Lichter Ocker den vorderen Bildbereich (Strand/Sand) beleben. Ein Gemisch aus Umbra und Paynesgrau in die nasse Oberfläche setzen und damit die Schattenwirkungen im Sand darstellen. Dabei kommt die aufgetragene Wachsfläche zum Vorschein.

Mit Echtviolett, Braun und etwas Indigo die wellenartige Struktur des auslaufenden Wassers im Sand andeuten. Mit dieser Mischung, und noch etwas mehr Indigo und Braun beigemischt, unter die auslaufende Gischt Schatten setzen.

Aus Neapelgelb-Rötlich, Indigo und wenig Echtviolett den bewegten Himmel andeuten.

Die Aquarell-Paare auf:

Seite 32/33:
„Tobende Nordsee", 1986
72 × 102 cm, auf Torchon

Seite 34/35:
„Die Wogen", 1986
72 × 102 cm, auf Torchon

Seite 36/37:
„Am Nordseestrand", 1986
72 × 102 cm, auf Torchon

Spiegelungen

Beobachten Sie einmal, wie sich Buschwerk oder Bäume in ruhigem Wasser spiegeln.
Sehen Sie auch, wie eine Spiegelung durch leichte Bewegung des Wassers verzerrt wird.
Hier eine Anregung, Spiegelung in Malerei umzusetzen.

Übung mit Spiegelungseffekt

Technik: Naß in Naß
Papierqualität:
vorbehandeltes Büttenpapier

Feuchten Sie das Büttenpapier mit dem Schwamm gut an und färben mit einem wässrigen blauvioletten Farbton (eine Mischung aus: Ultramarinblau, Krapplack dunkel und Paynesgrau) den oberen Bildbereich. Dafür eignet sich der Rundpinsel Nr. 12.
Arbeiten Sie weiter mit dem Neapelgelb-Rötlich – sehr flüssig – und ziehen Sie die Farbe bis zum unteren Bildrand.
Überdecken Sie den unteren Bildbereich mit einer wässrigen Mischung aus Ultramarinblau und Krapplack dunkel.
Dunkeln Sie diese Mischung mit etwas Paynesgrau ab und verstärken damit den Violettstreifen im unteren Bildbereich.

Mit dem Pinsel Nr. 6, mit nasser Farbe auf dem noch feuchten Untergrund und schnellem, sehr dünnem Strich wird die Horizontlinie gezogen, anschließend das Buschwerk mit großen wässrigen, rotvioletten Flecken getupft, die oben und unten parallel zur Horizontlinie verlaufen.

Diese Farbtupfer fließen dann langsam auseinander. So entsteht der Spiegelungseffekt. Zu nasse Stellen können Sie mit dem Papiertaschentuch trockentupfen.

Bäume am See

Papierqualität: Bütten

Aus einer Mischung von Coelin- und Ultramarinblau die Fläche für den Himmel und die untere Wasserfläche anlegen.

Mit einer Mischung aus Chromoxidgrün stumpf und Kadmiumorange dunkel die Bäume darstellen und die Farbe ins Wasser ziehen.

Die Spiegelung wird dekorativer, wenn sie lang verläuft. Das Ufer kann weiß, aber auch mit einem dunklen Streifen dargestellt werden.

Der Grünmischung etwas Preußischblau zusetzen und damit den vorderen Bereich des Hintergrundes anlegen. Wieder die Farbe nach unten verlaufen lassen.
Beobachten Sie die Spiegelung, ihre Länge und den Verlauf, aber auch den Einfluß des Lichtes. Die Spiegelung ist meist eine Spur heller.
Mit einer wässrigen Mischung aus Maigrün, Preußischblau und wenig Orange Tupfen in den feuchten Untergrund der Bäume oben und in die Baumspiegelung setzen. Sie verlaufen und das Wasser arbeitet.

Die Wasserbewegung (leise Wellen) mit Chromoxidgrün stumpf und etwas Hellorange streifenartig darstellen. Zwischendurch der Mischung etwas Preußischblau zugeben.

Mit dem feuchten, ausgedrückten Naturschwamm einen Streifen in die Spiegelfläche reiben, auf diese Weise wird eine heller wirkende Wasserfläche angedeutet.

Spiegelung am Nymphenburger Parksee

Papierqualität: Bütten

Mit Kobaltblau hell den Himmel anlegen, etwas Weiß auslassen für die Föhnwölkchen. Mit der gleichen Farbe, etwas wässriger angerührt, die Wasserfläche anlegen.
Mit dem Naturschwamm und einer Mischung aus Lichter Ocker und Orange das Baumlaub tupfen.
Die Baumreihe mit Chromoxidgrün stumpf gestalten, dabei die Farbe bis in den Himmel und in den See ziehen.
Mit dem Pinsel und einer Mischung aus Chromoxidgrün stumpf und Lichter Ocker die Baumreihe zusammenhalten.
Den Seerand mit einer Mischung aus Chromoxidgrün stumpf und wenig Kadmium anlegen.
Die Stämme und Äste mit einer Mischung aus Echtviolett, Umbra und Paynesgrau zeichnen.
Mit etwas unterbrochenem Strich die Stämme mit der gleichen Farbe ins Wasser ziehen. Auf diese Weise deutet man die Beweglichkeit des Wassers an.
Mit dem Lappen die Dunkelheiten im Wasser dämpfen (Spiegelung der Stämme).

Mit einer wäßrigen Mischung aus Chromoxidgrün stumpf und Kadmium die Baumformen vom hinteren Ufer weit nach unten ins Wasser ziehen.

Mit einer wässrigen Mischung aus Kobaltblau, Chromoxidgrün stumpf und etwas Kadmium die Wellen im unteren Bildbereich streifenartig andeuten. Die Wellenfarbe ist die fortlaufende Spiegelung der Bäume.

Den Baumstumpf mit einer Mischung aus Lichter Ocker und Englischrot darstellen, anschließend mit dem Lappen „abziehen“.

Mit Englischrot und Paynesgrau die Dunkelheiten zerrissen auftragen. Mit Braun und etwas Chromoxidgrün stumpf den dunklen Schatten des Baumstumpfes hervorheben.
Der Baumstumpf gibt dem ganzen Bild die räumliche Tiefe.

Boot auf der Alster

Aquarell nach Fotovorlage

Technik: Rubble-Krepp (Spiegelung)
Papierqualität: Bütten

Bei diesem Motiv bietet sich eine Bleistiftskizze an:
Mit Rubble-Krepp den Mast, seine Spiegelung im Wasser und die später hell bleibenden Flächen im Wasser (Lichtreflexe) abdecken. Ebenso die Wasserreflexe auf dem Boot.

Mit einer wässrigen hellen Grünmischung den Uferstreifen andeuten.
Mit Coelin- und etwas Kobaltblau die Spiegelung des Himmels und die herausleuchtenden Blautöne anlegen.

Mit einer wässrigen Mischung aus Chromoxidgrün stumpf und Orange die Helligkeiten der Trauerweiden andeuten.
Mit der gleichen Mischung die Spiegelung der Bäume im Wasser darstellen und die Dunkelheiten zwischen den Blautönen setzen.

Mit Krapplack dunkel den Bootsoberkörper, Bootsrand, Boje und Spiegelung der Boje darstellen. Mit Krapplack dunkel wäßrig und etwas Indigo vermischt den Schatten des Bootes malen.
Mit ausreichendem Vorrat an Indigo und Chromoxidgrün stupf zickzackartig die Dunkelheiten der Weiden im Wasser zeichnen und somit die Schattenwirkung unterstreichen.

Mit diesem dunklen Ton wird auch die Weidenspiegelung im Wasser streifenartig weitergeführt. Das ist etwas mühsam und will mit Ruhe gemacht sein.
Mit Paynesgrau und etwas von dem Rotrest die Unterkante des Bootes (Schatten) und etwas verwässerter die Spiegelung darstellen.
Mit ganz hellem Paynesgrau den Bootskörper, anschließend mit Ocker die Bäume strukturieren oder sie mit Preußischblau, Chromoxidgrün stumpf und Paynesgrau belegen.
In die Spiegelung Dunkelheiten mit Preußischblau und Chromoxidgrün stumpf geben.

Mit Englischrot das freigelassene Ufer andeuten und mit etwas Preußischblau die dunklen Flächen. Mit Kadmium gelb den vorderen Bereich der Spiegelung anlegen.

Zur Abbildung auf Seite 48:
Mit dünnem Paynesgrau die Reflexion des Wassers im Boot darstellen. Mit dem Messer die Seite (Wanten und Stake) mit dem Skalpell oder mit dem Messer herauskratzen.

Eine Naturstimmung am frühen Morgen, mit dem Fotoapparat festgehalten, ermöglichte die Darstellung dieses Aquarells zu Hause.

„Fischer am Gardasee“

Buhnen auf Sylt

Papierqualität: Bütten

Vorzeichnung mit wässrigem Lichter Ocker.
Den oberen Bildbereich mit Lichter Ocker grundieren und feucht hinein eine Mischung aus Gebrannter Umbra, Echtviolett und Indigo setzen.

Mit Chromoxidgrün stumpf und etwas Ocker die Wasserfläche im hinteren Bereich grundieren. Die Brandung aussparen (Papierweiß).
Unter der Brandung mit einer wässrigen Mischung aus Kobaltblau und Indigo die Wasserfläche neben der Buhne anlegen.

Den Wogenschatten und die Struktur der auslaufenden ersten Woge mit einem Brauntonzeichnen.
Den Sand mit einer Ocker-Grundierung darstellen.

In die noch feuchte Ocker-Grundierung etwas Echtviolett setzen und einen Ockerstreifen parallel zum Strand verlaufen lassen.
Mit einer Violett-Braun-Mischung den Schatten der zweiten auslaufenden Woge andeuten. Dabei muß das Papierweiß immer wieder in die Bildkomposition einbezogen werden – als dramaturgisches Mittel sozusagen.
Mit Chromoxidgrün stumpf und Lichter Ocker den hinteren Bereich des Meeres gestalten.

Unter der Indigo-Kobaltblau-Wasserfläche spiegelt sich der Himmel ganz leicht.
Aus einer Mischung von Lichter Ocker und Neapelgelb-Rötlich die Oberkanten für die Buhnen zeichnen.
Mit Englischrot, Paynesgrau und etwas Indigo die Dunkelheiten der Buhnen setzen.

Die Struktur der Buhnen mit Kassler Braun und Paynesgrau vertiefen.
Mit diesem Farbton – etwas verdünnt – in Wellenlinien mit Zwischenräumen – die Buhnenspiegelung bis zum ersten Wogenauslauf setzen, dabei den weißen Schaumrand stehen lassen.
Nach dem ersten Wogenauslauf zunächst schwach im Sand, dann im Wasser stärker die Spiegelung exakt senkrecht weiterführen und wieder einen schmalen, weißen Schaumrand stehen lassen (senkrecht, weil im zweiten Wogenauslauf auf dem Sand und im Wasser keine Bewegung ist).

„Badende vor Lanzarote", 1989
36×48 cm, auf Bütten

Die Künstlerin

Lisbet Braren-Weinrich

geboren in München, studierte bei Prof. Blocherer in München, hat 1975 die „Galerie Nymphenburg" eröffnet.

Sie wurde bekannt durch zahlreiche Ausstellungen im In- und Ausland: Schweiz, Paris, Israel, New York, Japan, Malta.

Falls Sie sich für ihre Aquarelle interessieren, schreiben Sie an:
GALERIE NYMPHENBURG
Lisbet Braren-Weinrich
Mareestraße 5
8000 München 19

Auf den folgenden Seiten finden Sie einen Querschnitt der Aquarelle der Künstlerin zum Thema Wasser.

„Wasserfall“, 1987
105 × 75 cm, auf Bütten

„Tobendes Meer", 1987
42 × 56 cm, auf Bütten

„Am Altwasser", 1986
36 × 48 cm, auf Bütten

„Die Wogen“, 1987
36 × 48 cm, auf Bütten

„Blick nach Amrum", 1982
41 × 56 cm, auf Torchon
(Spiegelung Naß in Naß)

„Waldbach", 1987
41 × 56 cm, auf Bütten

„Korfu", 1985
36 × 48 cm, auf Bütten

„Gebirgssee“, 1986
36 × 48 cm, auf Bütten

„Mittelmeer", 1986
42 × 56 cm, auf Bütten

Dieser Grund- und Aufbaukurs führt Schritt für Schritt in die Aquarellmalerei ein. Er ist in einzelne, leicht nachvollziehbare Lernschritte unterteilt, die schon bald zu den ersten Malerfolgen führen.
Neben wirkungsvollen Tricks verrät die Autorin auch Möglichkeiten, gezielt mit Effekten zu arbeiten – gibt aber auch erweiternd dazu Anregungen zur Entwicklung eines eigenen Malstils.
Ein geeignetes Basismaterial für Stilleben und Landschaftsmalerei – und das in allgemeinverständlicher Art.
Best.-Nr. 1061, 72 Seiten, viele Farbfotos

Blumen und Pflanzen malen – das war schon immer ein ganz besonders starkes Bedürfnis für Menschen, die eine enge Beziehung zur Natur haben oder entwickeln wollten.

Mit diesem Buch zeigt die Münchner Künstlerin die vielfältigen Möglichkeiten der Darstellung von Blumen, Blüten und Blättern.
Best.-Nr. 1162, 72 Seiten, viele Farbfotos